Ozgu Gumustekin

Suplementação dietética com L-carnitina e larvas de Tenebrio molitor

Ozgu Gumustekin

Suplementação dietética com L-carnitina e larvas de Tenebrio molitor

Um estudo sobre o efeito da suplementação dietética com L-carnitina no crescimento e desenvolvimento das larvas de Tenebrio molitor

Imprint

Any brand names and product names mentioned in this book are subject to trademark, brand or patent protection and are trademarks or registered trademarks of their respective holders. The use of brand names, product names, common names, trade names, product descriptions etc. even without a particular marking in this work is in no way to be construed to mean that such names may be regarded as unrestricted in respect of trademark and brand protection legislation and could thus be used by anyone.

Cover image: www.ingimage.com

This book is a translation from the original published under ISBN 978-613-7-99151-0.

Publisher:
Sciencia Scripts
is a trademark of
Dodo Books Indian Ocean Ltd. and OmniScriptum S.R.L publishing group

120 High Road, East Finchley, London, N2 9ED, United Kingdom
Str. Armeneasca 28/1, office 1, Chisinau MD-2012, Republic of Moldova, Europe
Printed at: see last page
ISBN: 978-620-8-14671-9

Resumo:

A L-carnitina é uma cadeia natural de aminoácidos que tem muitas funções metabólicas no organismo, incluindo o transporte de ácidos gordos de cadeia longa para as mitocôndrias. Neste estudo, o efeito da suplementação dietética com L-carnitina em *Tenebrio molitor* foi investigado através de uma série de experiências e observações contínuas. Em primeiro lugar, os bichos-da-farinha foram separados em 2 grupos: suplementado e controlo. Cada grupo era constituído por 50 gramas de Tenebrio *molitor* na fase larvar da sua vida e uma base de serradura seca. As larvas foram medidas e pesadas para determinar se a taxa de crescimento seria diferente consoante a dieta. Em seguida, foi realizada uma experiência com um respirómetro, que permitiria determinar a taxa de absorção de oxigénio num determinado momento, em 20 larvas de cada grupo. Nos 3 dias seguintes, ambos os grupos foram alimentados com 5 gramas de cenouras picadas e esmagadas, embora um grupo tenha sido suplementado com 0,80 gramas de L-carnitina em pó misturada com as cenouras todos os dias. Nas duas semanas seguintes, foi feito um registo respirométrico todos os dias e 20 larvas foram pesadas e medidas a meio e no fim do processo para determinar se o grupo que recebeu L-carnitina na dieta apresentava diferenças em relação ao grupo de controlo devido à suplementação de L-carnitina na sua dieta.

Os resultados do processo de 2 semanas mostraram que (apesar dos erros e das imprecisões) o grupo que tomou o suplemento de L-carnitina tinha apresentado um crescimento significativamente superior ao do grupo de controlo. No final do processo, eram evidentemente maiores, mais compridos e pesavam mais. Além disso, observou-se na experiência do respirómetro que, em comparação com o grupo de controlo, consumiam mais oxigénio para respirar. Isto mostra que a suplementação com L-carnitina permitiu que as larvas respirassem mais rapidamente, uma vez que a membrana mitocondrial é impermeável ao acil-CoA, pelo que, para a importação para o seu interior, o acil-CoA é transportado através do chamado vaivém da carnitina. Isto permite que o acil-CoA entre na matriz mitocondrial e passe pela β-oxidação para gerar acetil-CoA que mais tarde participará no Ciclo de Krebs para produzir ATP para a célula. (**Resumindo, as larvas que foram suplementadas com L-carnitina** produziram ATP mais rapidamente e, portanto, respiraram e cresceram mais no mesmo período de tempo em comparação com as que não foram suplementadas com L-carnitina.

Índice

Gostaria de expressar o meu grande apreço à minha orientadora Tess Charnaud, que me guiou em todas as etapas desta investigação e que tem sido um excelente modelo para mim nos últimos anos da minha vida e dos meus estudos académicos. Obrigada por me ter apontado a direção que estou a seguir neste momento.

CAPÍTULO 1

<u>Introdução:</u>

As proteínas são substâncias complexas que estão envolvidas nos processos químicos de qualquer organismo vivo. Uma molécula de proteína é uma macromolécula[1] constituída por muitos aminoácidos unidos numa cadeia. A L-carnitina, um dos dois isómeros[2] da Carnitina, é uma cadeia de aminoácidos que tem muitas funções metabólicas no corpo (Estados Unidos, Congresso, Câmara, Departamento de Saúde e Serviços Humanos dos EUA). **O outro isómero** da carnitina, a D-carnitina, exerce efeitos na atividade metabólica e nas reacções químicas intracelulares, tal como a L-carnitina, mas não se encontra naturalmente no organismo. (Harmeyer)

O suplemento foi inicialmente designado por Carnitina, devido à elevada concentração com que ocorre na carne e no tecido muscular humano, uma vez que Carne significa carne em latim. No entanto, **foi reencontrada pelos investigadores aquando da** criação de *Tenebrio molitor,* larvas de larvas de farinha. Verificou-se que é um fator nutricional essencial nas larvas de *Tenebrio molitor.* Uma hipótese sugere especificamente que a L-carnitina afecta a oxidação da gordura nas larvas de *Tenebrio molitor*, uma vez que se observou que as larvas que crescem num estado de deficiência de L-carnitina acumulam quantidades excessivas de gordura nas suas células e, no entanto, parecem morrer de fome. A L-carnitina combina-se com a acil coenzima A (acil-CoA) no citosol[3] para formar acilcarnitina e permitir assim a entrada de acil-CoA na matriz mitocondrial[4] *(figura 1).* O acil-

---

[1] Uma molécula com um número muito grande de átomos

[2] Uma espécie química com o mesmo número e tipos de átomos que outra espécie química

[3] O componente líquido do citoplasma que envolve os organelos

[4] O espaço dentro da membrana interna da mitocôndria

CoA, depois de ter passado por um processo na mitocôndria, é convertido em acetil-CoA e participa no ciclo de Krebs da respiração celular aeróbica. Esta reação química ocorre no interior da mitocôndria e é produzida 1 molécula de ATP por cada molécula de acetil-CoA que entra no ciclo. (Rosenberg)

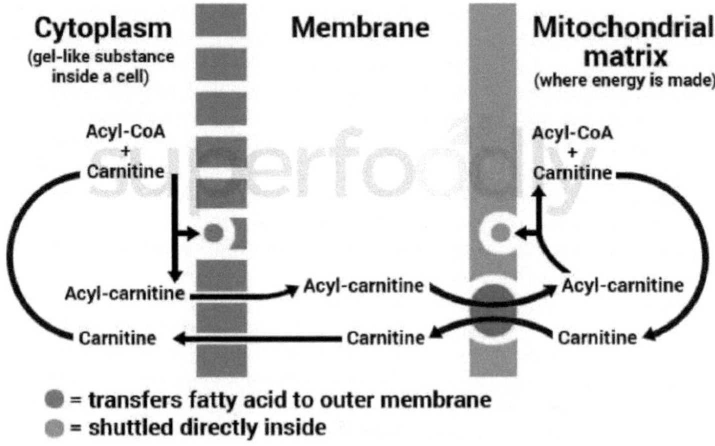

Figura 1, imagem 1 , Representação do modo como a carnitina se combina com o acil-CoA para entrar através da membrana da mitocôndria, *L-carnitina*. Ficheiro de imagem

O acetil-CoA é a molécula formada como resultado da glicólise[5] no metabolismo dos hidratos de carbono. Também pode ser produzida após a beta-oxidação[6] nas mitocôndrias, pelo que a sua síntese direta é extramitocondrial[7] ou intramitocondrial[8] , consoante as fontes de carbono da célula. (Houten e Wanders) **Participa em muitas** reacções bioquímicas nos metabolismos das proteínas, dos hidratos de carbono e dos lípidos ("Breakdown of Energy"). De certa forma, é o que liga a glicólise e o ciclo de Kreb, também conhecido como

---

[5] A via metabólica que converte a glucose em piruvato

[6] O processo pelo qual as moléculas de ácidos gordos são decompostas para gerar actil CoA

[7] Fora da mitocôndria

[8] Dentro da mitocôndria

ciclo do ácido cítrico, que é um ciclo fechado. ("O Cítrico") Isto deve-se ao facto de a parte final da via reformar a molécula que foi utilizada na primeira etapa. No final das 8 etapas deste ciclo, são gerados 2 transportadores de electrões reduzidos, NADH e $FADH_2$, que mais tarde participarão na cadeia de transporte de electrões. Esta também desempenha um papel no processo de respiração celular e na produção de ATP. (Rosenberg) Para além disso, forma-se uma molécula de ATP e 2 moléculas de CO_2 por ciclo (*figura 2*). Quando o organismo é deficiente em L-carnitina, o acil-CoA não pode entrar na mitocôndria para gerar acetil-CoA para a célula, o que significa que a produção de ATP abrandaria até acabar por parar como resultado da inibição do ciclo de Kreb. ("The Citric") A degradação da gordura também é afetada, uma vez que o acil-CoA que consiste em ácidos gordos de cadeia longa não pode entrar na mitocôndria para sofrer β-oxidação e ser degradado. (Houten e Wanders)

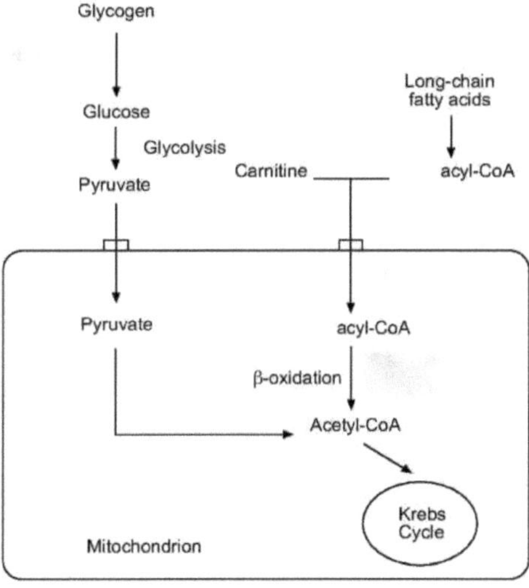

Figura 2, imagem 2, Um diagrama que mostra como a carnitina está ligada à β-oxidação e ao ciclo de Kreb, *via de β-oxidação dos ácidos gordos.* Ficheiro de imagem

Numa célula animal, tanto os hidratos de carbono como as gorduras podem ser metabolizados para obter energia e a acetil-CoA é a chave para manter o equilíbrio. Se o organismo ingerir mais gordura ou açúcar do que necessita, o excesso é armazenado sob a forma de gordura e, quando a célula volta a necessitar dessa energia, a gordura é metabolizada com a ajuda da acetil-CoA. Este processo é designado por lipólise. No entanto, no caso mencionado anteriormente, se não houver acil-CoA suficiente a entrar nas mitocôndrias com a ajuda da L-carnitina, tanto a glicose (proveniente da respiração celular) como o metabolismo das gorduras (proveniente da lipólise) da célula são prejudicados, o que poderia ser uma explicação para o facto de as larvas passarem fome.

A hipótese é que, quando as larvas de *Tenebrio molitor* são suplementadas na sua dieta com L-carnitina em pó seco, as larvas absorvem mais O_2 , respirando assim mais ao longo do tempo do que o grupo de controlo. Isto deve-se ao facto de a concentração de L-carnitina na célula aumentar a quantidade de acil-CoA que entra na mitocôndria e que, mais tarde, entrará no processo de respiração celular como acetil-CoA, aumentando assim a produção de ATP. O aumento da respiração celular e, por conseguinte, da produção de ATP pode ser observado e registado através da experiência com o respirómetro, que é aprofundada na secção sobre respirometria (Rosenberg). **Por último,** espera-se que **o** grupo **que recebeu o suplemento** cresça mais durante as duas semanas, em termos de comprimento e massa. Uma vez que as espécies já se encontram numa fase de maior crescimento, uma vez que entrarão em metamorfose após 8-10 semanas da fase de larva, poderá ser observado um crescimento percetível num período de tempo comparativamente curto ("Mealworm Life"). **Evidentemente,** os eventos de desenvolvimento podem ser vistos através de caracteres morfológicos externos e pela mudança na taxa metabólica. Apesar de ser necessária uma análise completa de todos os eventos metabólicos no corpo das larvas, ainda é possível comentar como a L-carnitina tem um efeito na metamorfose em *Tenebrio molitor.* Outra limitação, que será analisada mais pormenorizadamente na avaliação, é o facto de os métodos respirométricos utilizados para medir o metabolismo não poderem ser ininterruptos. No entanto, para ambos os grupos, espera-se que a atividade e o vigor diminuam com o tempo, à medida que aumentam de tamanho. Este facto deve-se ao gráfico em U esperado da taxa metabólica antes da metamorfose das larvas *de Tenebrio molitor*.

CAPÍTULO 2

Ética e segurança:

Uma vez que este estudo foi efectuado com animais, existem preocupações éticas sobre a segurança do *Tenebrio molitor*. A escolha da espécie desempenha um papel importante nesta experiência, porque estão a ser mantidos e testados organismos vivos. Tal como referido na introdução, *o Tenebrio molitor* foi relacionado com o suplemento L-carnitina, o que constitui uma das principais razões pelas quais a espécie é considerada adequada para a experiência. Além disso, as larvas podem ser alimentadas em condições viáveis, desde que não sejam danificadas e/ou perturbadas do seu ciclo de vida natural e do seu habitat ("Plantas e Animais").

Todas as diretrizes de experimentação animal ética devem ser seguidas ao longo da experiência, de modo a garantir que o comportamento natural dos animais é observado e medido com respeito e cuidado pelos animais. Tanto o processo de suplementação como o de experimentação do estudo foram efectuados tendo em conta que deve ser evitada qualquer perturbação ou dor na saúde das larvas. Especificamente, os dois factores que foram escolhidos para observar e determinar o efeito da L-carnitina, o crescimento e a respiração, são explicados mais detalhadamente na secção Metodologia. A escolha do mecanismo para observar a alteração na absorção de oxigénio e na respirometria tem uma importância significativa que é explorada numa secção separada. Para além destes, há ainda muitos aspectos a ter em conta para a segurança das larvas, tais como,

- a quantidade de cenouras com que foram alimentados
- a quantidade de L-carnitina que lhes foi dada como suplemento,
- o ambiente em que foram mantidos durante os diferentes períodos de tempo (temperatura e humidade do ambiente)

-   o tempo que passaram nos tubos de ensaio durante as medições

-   qualquer contacto com produtos químicos e KOH especificamente

Estes factores foram considerados e estudados imitando o comportamento natural e o habitat das larvas. Desde que as larvas não sejam prejudicadas e sejam devolvidas ao laboratório, ao aquacultor ou a um ambiente adequado, o estudo é ético e seguro para as espécies escolhidas.

CAPÍTULO 3

Método/Procedimento:

Segue-se um resumo do procedimento aplicado durante o processo de 2 semanas. Para a documentação completa do processo e do método passo a passo, ver o apêndice 1.

São preparados 1-2 recipientes com serradura como base e marcados como grupo suplementado e grupo de controlo.

2-A massa e o comprimento iniciais de 20 larvas de cada grupo selecionadas aleatoriamente são registados.
Este facto é ilustrado nas *figuras 3* e *4*.

3-A taxa inicial de absorção de oxigénio (mm^3 por hora por mg) é medida através de uma experiência com um respirómetro, que é explicada mais pormenorizadamente na secção seguinte

4- As larvas são novamente colocadas em segurança nos recipientes e, antes de serem selados, ambos os grupos são alimentados com 5,00 g de cenouras frescas picadas e esmagadas.
As cenouras do grupo que recebeu o suplemento são misturadas com cerca de 0,80 g de L-carnitina dietética em pó.

5-Os recipientes são transferidos para o frigorífico. (4 °C)

6-Nas duas semanas seguintes, o comprimento médio, a massa e a absorção de oxigénio de 20 larvas selecionadas aleatoriamente de cada grupo são medidos regularmente. Depois, as larvas são alimentadas e colocadas de novo.

No final das 2 semanas, as larvas são devolvidas ao laboratório/aquacultor ou libertadas num ambiente seguro e adequado.

A escolha do mecanismo de medição tanto para o crescimento como para a respiração foi determinada tendo em conta as preocupações éticas e de segurança dos ensaios com *Tenebrio molitor*.

-As larvas foram retiradas do recipiente cuidadosamente, com luvas calçadas, e colocadas nos tubos de ensaio para a experiência do respirómetro.

-Depois de medidos o comprimento e a massa, as larvas foram imediatamente devolvidas aos recipientes.

-As larvas foram armazenadas em duas condições diferentes: à temperatura ambiente, que é de aproximadamente 24 °C durante o ensaio e de aproximadamente 4 °C **durante a noite**. **Isto foi feito** para monitorizar o metabolismo das larvas, uma vez que estas repousam em baixo metabolismo durante a noite e em alto metabolismo durante o dia.

CAPÍTULO 4

Equipamento /aparelho

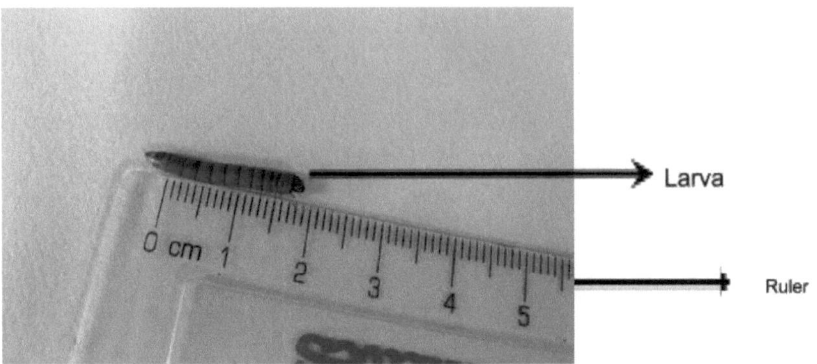

Figura 3, imagem 3, Uma fotografia que ilustra a medição do comprimento de uma larva

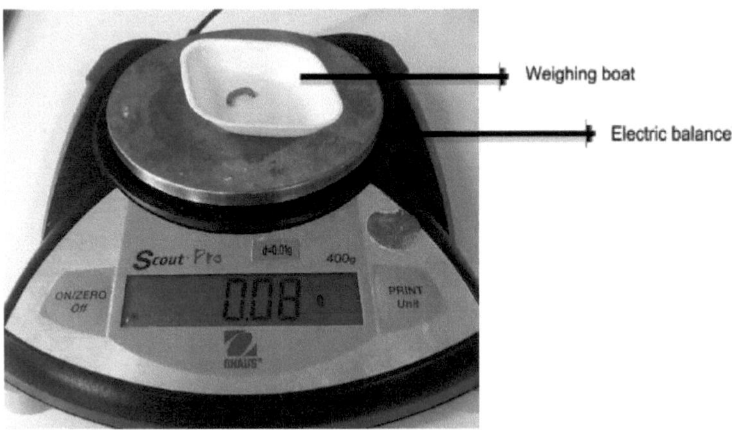

Figura 4, Uma fotografia que ilustra a medição da massa de uma larva

CAPÍTULO 5

<u>Método e procedimento de respirometria:</u>

Por razões de segurança, o KOH, que é corrosivo, deve ser utilizado com cuidado. Devem ser usados óculos de proteção e quaisquer vestígios devem ser imediatamente lavados da pele.

Depois de cada respirómetro ter sido montado firmemente para garantir que não há fugas, são enchidos com água colorida utilizando uma bureta/funil. O aparelho contém partes de vidro, pelo que este procedimento deve ser efectuado com cuidado.

- Utilize luvas para colocar 5,00 g de KOH em 2 cestos. Este cesto será posteriormente colocado em cima dos tubos de ensaio e colado com fita adesiva.

- Colocar 20 larvas num tubo e colocar o cesto na parte superior mais afastada. Deixar o outro tubo vazio e colocar o cesto na parte superior mais afastada.

- Depois de colar os cestos com fita adesiva, colocar os batoques no respirómetro montado (*figura 5*).

- Ajustar as válvulas no topo de cada batoque para registar a leitura. Verificar que não há movimento inicial e que o líquido não tem bolhas no meio da escala de cada lado.

- Colocar o conjunto num suporte para tubos.

- Registar a posição exacta dos meniscos de ambos os lados e a hora, como indicado na *figura 6*. Deixar em repouso durante 90 minutos (*figura 7*).

- Registar as novas posições dos minisci. Se, de um lado, o minissaco estiver próximo do fim da escala, repor a sua posição original com uma seringa e registar a nova posição. A quantidade de ar introduzida na seringa deve também ser registada.

-   Retirar os batoques. Retirar os cestos que contêm KOH e depois o produto químico do interior. Os cestos podem ser lavados com água. O KOH usado deve ser deitado fora para os resíduos químicos de cada vez que o processo é repetido.

-   Voltar a colocar as larvas do tubo no recipiente.

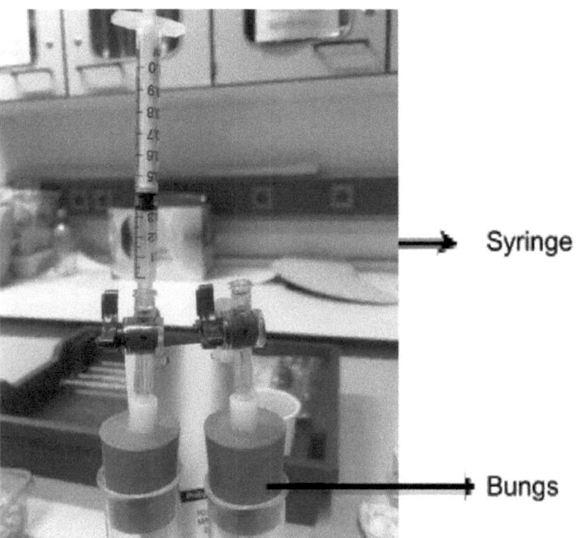

Figura 5, Uma fotografia que mostra como os batoques devem ser colocados nos tubos de ensaio,

A seringa é utilizada para bombear o líquido para dentro e para fora do respirómetro, que será o indicador da absorção de oxigénio. Como o movimento do líquido é registado, o movimento do gás no interior dos tubos pode ser analisado.

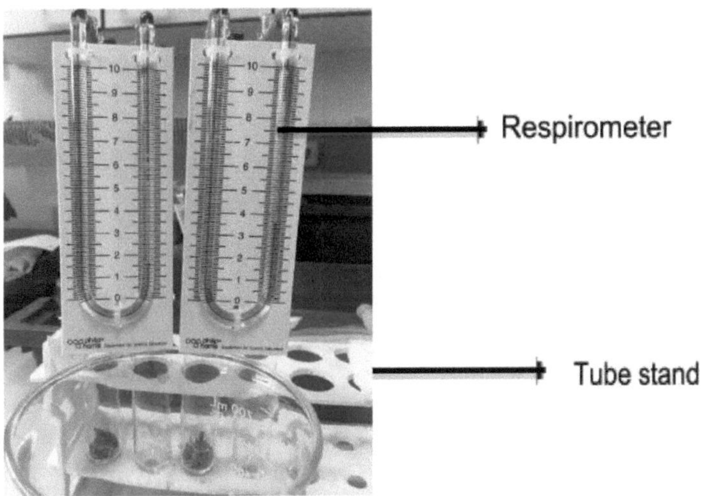

Figura 6, Uma fotografia que mostra os meniscos da água colorida no interior do respirómetro

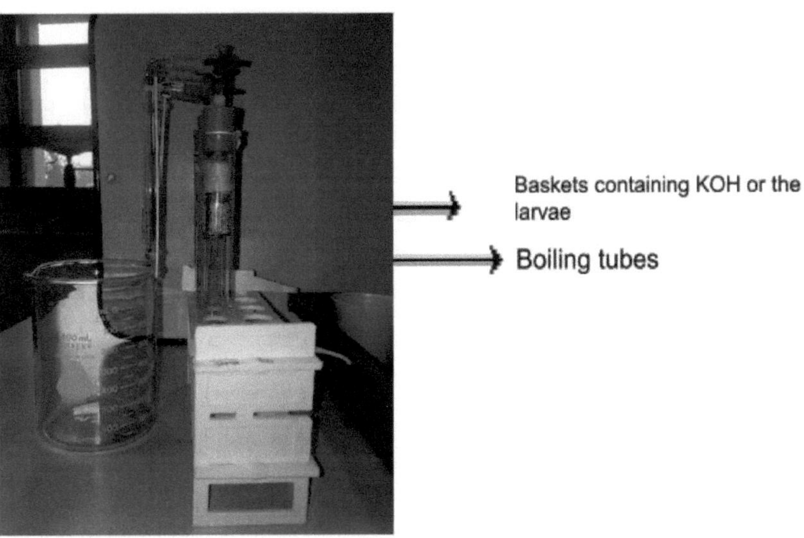

Figura 7, Uma imagem que ilustra a configuração final

CAPÍTULO 6

Resultados:

Para os dados em bruto, ver o anexo 2.

<u>Figura 8, quadro com a massa e o comprimento médios dos dois grupos nos dias 1, 8 e 14</u>

	L carnitine		Control group	
Day	Average Mass $(+/-0.01g)$	Average length $(+/-0.1mm)$	Average Mass $(+/-0.01g)$	Average length $(+/-0.1mm)$
1	0.08	1.94	0.08	1.82
8	0.10	2.11	0.09	1.90
14	0.12	2.41	0.11	2.15

Example of calculations:

$\sum Mass\ day\ 1 = 1.66$

$\frac{1.66}{20} = 0.08$

<u>Figura 9, Quadro que mostra a variação da massa média e do comprimento para ambos os grupos nas semanas 0, 1 e 2</u>

	Average Change in mass $(+/-0.01g)$		Average change in length $(+/-0.01g)$	
Week	Control	Supplemented	Control	Supplemented
0	0.00	0.00	0.00	0.00
1	0.01	0.02	0.08	0.17
2	0.02	0.02	0.25	0.30

Example of calculations:

$Average\ Length\ week\ 2 - Average\ Length\ week\ 1 = Change\ in\ average\ mass\ between\ week\ 1\ and\ 2$

$2.41 - 2.11 = 0.30$

	L-carnitine		Control	
Days	Average Change in gas volume between readings (cm^3) ($+/-0.1cm^3$)	Average Oxygen absorption (mm^3 per hour per mg) ($+/-0.01mm^3$)	Average Change in gas volume between readings (cm^3) ($+/-0.1cm^3$)	Average Oxygen absorption (mm^3 per hour per mg) ($+/-0.01mm^3$)
Day 1	0,30	0,12	0,30	0,12
Day 4	0,50	0,20	0,50	0,20
Day 5	0,50	0,20	0,40	0,16
Day 6	0,70	0,29	0,50	0,20
Day 7	0,80	0,33	0,50	0,20
Day 8	1,10	0,36	0,70	0,26
Day 11	0,90	0,29	0,80	0,30
Day 12	2,10	0,69	1,00	0,37
Day 13	1,60	0,52	0,90	0,33
Day 14	1,80	0,51	1,30	0,39
Sum	10,30	3,51	6,90	2,53
Average	1,03	0,64	0,69	0,25

Example of calculations:

Average Change in gas volume between readings: $0.30\,cm^3$

Average Mass of larvae in the tube= 1660 mg

Time between readings = 90 mins

$0.30cm^3 \times 1000 \times \frac{60}{90} = 200\ mm^3$

$\frac{200}{1660\times 60} = 0.12$ = Oxygen absorption mm^3 per hour per mg

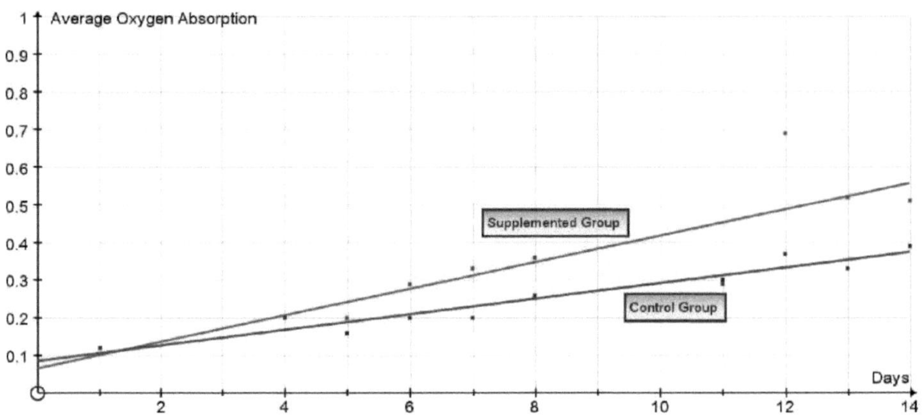

Embora exista uma correlação positiva entre a taxa média de absorção de oxigénio e o tempo para ambos os grupos, o grupo suplementado apresenta evidentemente uma taxa de aumento mais rápida na absorção média de oxigénio/ mm^3 por hora por mg . Isto pode ser analisado observando o declive do gráfico para ambos os ajustes lineares. Como mencionado anteriormente, isto pode ser relacionado com o gráfico em forma de U esperado da taxa metabólica nas larvas de *Tenebrio molitor*. À medida que as larvas se aproximam da metamorfose, espera-se que a atividade metabólica aumente, no entanto, neste caso, para o grupo suplementado, o aumento da atividade metabólica é ainda maior.

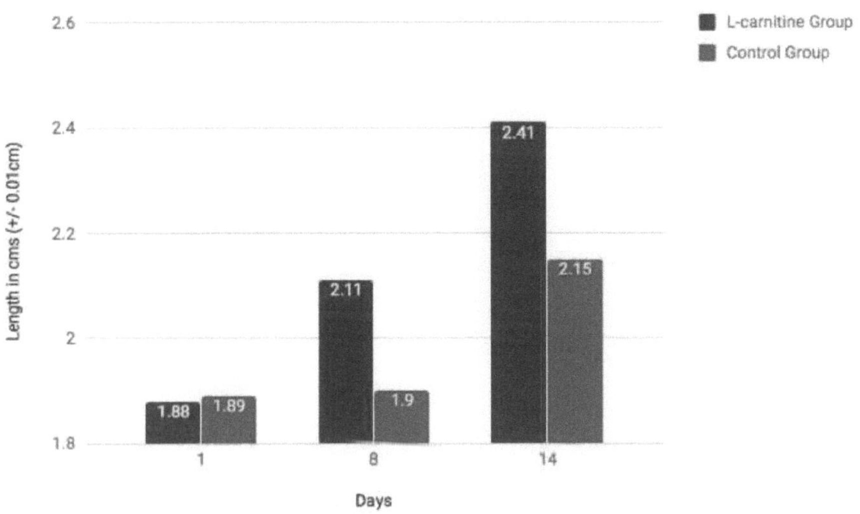

O grupo suplementado mostrou uma taxa de crescimento mais rápida em comparação com o grupo de controlo, uma vez que tem um comprimento médio muito mais elevado no final das duas semanas, em comparação com o grupo de controlo. Para ambos os grupos, foi na segunda semana que se observou a maior parte do aumento global do comprimento médio. Isto, mais uma vez, pode ser explicado pelo facto de as larvas estarem a crescer e a aproximar-se da metamorfose à medida que o tempo passa. As observações mencionadas mais à frente também apoiam este facto, uma vez que a quantidade de peles derramadas é observada mais no final da segunda semana para ambos os grupos. No entanto, é evidente que o comprimento máximo para o grupo de controlo é de 2,15 cm, enquanto que para o grupo suplementado é de 2,41.

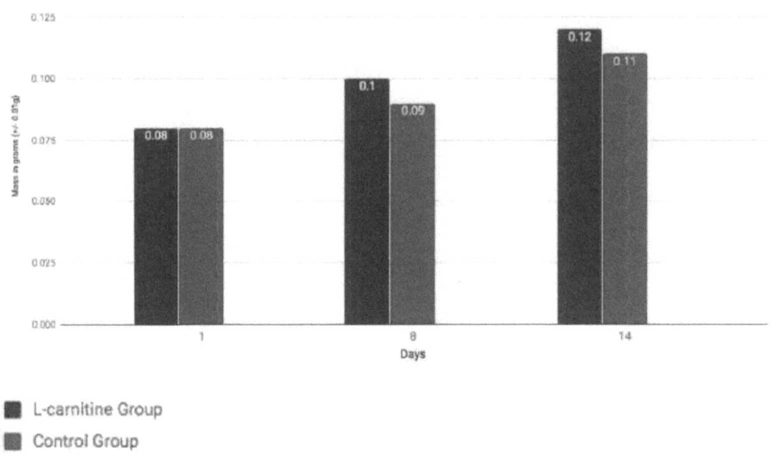

O grupo que tomou o suplemento de L-carnitina apresentou uma taxa de crescimento global mais rápida em termos de massa média, em comparação com o grupo de controlo. Como se pode ver no gráfico, a massa média obtida nas primeiras medições é a mesma para ambos os grupos. A maior mudança é observada no final da primeira semana, com uma diferença de 0,02 gramas e, novamente, no final das duas semanas, os grupos suplementados pesam, em média, mais comparativamente. No entanto, como também será mencionado na avaliação, seria mais fácil chegar a uma conclusão sobre o efeito da L-carnitina que lhes foi suplementada se fosse possível analisar a composição corporal das larvas antes e depois da suplementação. Isto pode ser uma possível melhoria da experiência e permitiria ver se a massa corporal ganha é gordura ou músculo.

<u>Figura 14, Quadro com as observações relativas ao crescimento e desenvolvimento das larvas nos dias em que a serradura foi renovada</u>

DAY	Control group	Supplemented group
1	-Color of the larvae are dark green/ brown -They are extremely vigor.	-Color of the larvae are dark green/ brown -They are extremely vigor.
3	-Still extremely vigor.	-Still extremely vigor.
4	-Less vigor -Sawdust in the container is less colorful. -More energetic and mobile than the supplemented group -24 shed skins were counted.	-Less vigor - Sawdust in the container is less colorful -Container has a slightly chemical odor -Larger and darker colored than the control group - 53 shed skins were counted.
7	-The control group has a larger diameter than the supplemented group -They have lighter colored skin -13 shed skins were counted in the sawdust.	-The mealworms have more appetite and are acting upon the food as soon as it is given - The supplemented group is less energetic than the control group although are longer and have a darker colored skin - Container still possesses a chemical odor -20 shed skins were counted.
10	-Less vigor than before -10 shed skins were counted.	-Less vigor than before and than the control group -15 shed skins were counted.
14	-Much less vigor than when first received - Visual proof of growth present.	-Much less vigor than when first received -Visual proof of growth present.

A tabela acima sugere que a tendência esperada estava correta em termos de vigor das larvas à medida que entravam na metamorfose. Foi registado que a quantidade de pele derramada no recipiente do grupo suplementado era, em média, maior, embora no final da primeira semana fossem relativamente menos vigorosas em comparação com o grupo de controlo. A cor da pele que era mais escura para o grupo suplementado pode possivelmente ser um indicador de que a composição corporal era maioritariamente muscular para o grupo suplementado. O odor químico no recipiente para o grupo suplementado não é desejado, embora seja muito difícil de evitar, considerando que as larvas não podem ser observadas corretamente num ambiente ou recipiente aberto. Este facto pode ser uma fonte de erro.

Figura 15, Gráfico 4, que mostra a variação da massa média do grupo de controlo e do grupo suplementado nas semanas 0, 1 e 2

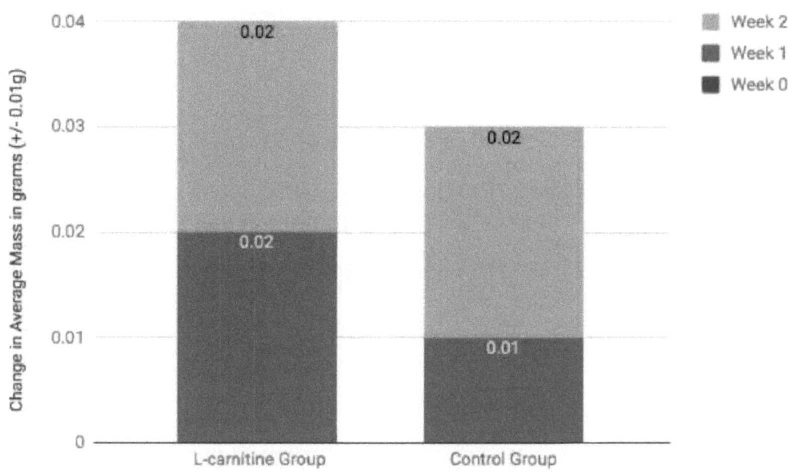

A maior alteração na massa média foi registada no final da semana para ambos os grupos. De um modo geral, o grupo suplementado registou uma maior alteração da massa média.

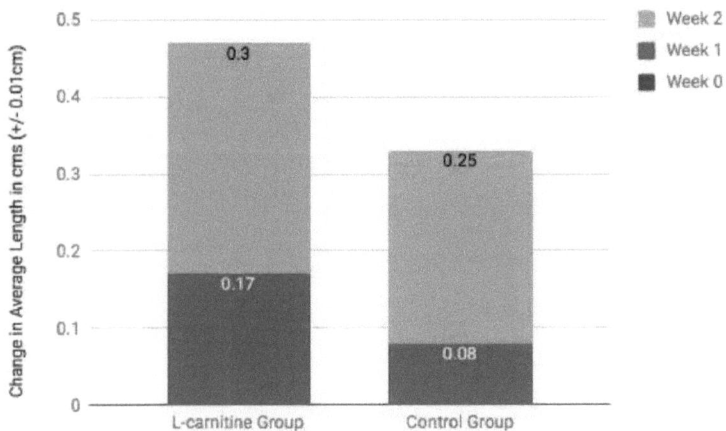

No final das 2 semanas, o grupo suplementado com L-carnitina mostrou uma mudança mais significativa no comprimento médio em comparação com o grupo de controlo, no entanto, a maior parte da mudança para ambos os grupos ocorreu entre a semana 1 e 2.

CAPÍTULO 7

Análise e avaliação de dados:

Como se pode ver na *figura 11, gráfico 1,* a taxa de absorção de oxigénio aumentou para ambos os grupos ao longo das 2 semanas. Embora o grupo de controlo tenha mostrado um aumento muito mais consistente na taxa de absorção de oxigénio, o grupo suplementado apresentou uma taxa mais elevada no final da experiência, o que está de acordo com o que foi mencionado na hipótese. O crescimento e a taxa de absorção de oxigénio do grupo suplementado foram inconsistentes, porque possivelmente os organismos se adaptaram à dose diária de L-carnitina que lhes foi fornecida no início. *A figura 12, gráfico 2,* está também associada à *figura 16, gráfico 5.* O que se pode interpretar a partir destes dois gráficos é que o grupo suplementado apresentou uma taxa de crescimento mais rápida em comparação com o grupo de controlo.

Globalmente, o comprimento médio máximo do grupo que tomou o suplemento de L-carnitina, medido no 14º dia, é de 2,41 cm, ao passo que o do grupo de controlo é de 2,15 cm. Isto também significa que o grupo que recebeu o suplemento teve uma alteração de 0,48 cm em 2 semanas, enquanto o grupo de controlo teve uma alteração de 0,32 cm no comprimento médio. Além disso, para ambos os grupos, é evidente na *figura 16, gráfico 5,* que a maior parte do crescimento em comprimento ocorreu na segunda semana do processo. A *figura 13, gráfico 3,* também está associada à *figura 15, gráfico 4.* Como se pode ver na *figura 13, gráfico 3,* o grupo suplementado com L-carnitina tem uma massa média ligeiramente superior à do grupo de controlo. No dia 1, ambos os grupos têm uma massa média de 0,08, atingindo um valor máximo de 0,12 para o grupo L-carnitina e 0,11 para o grupo de controlo no final dos 14 dias. A alteração global da massa média para o grupo suplementado é 0,01 g superior à do grupo de controlo; no entanto, para o grupo de controlo, a maior parte da alteração ocorreu entre a 1ª e a 2ª semana, ao passo que para o grupo suplementado, a alteração é mais equilibrada entre as duas semanas (figura 15, gráfico 4).

Ambos os grupos tinham uma taxa inicial de absorção de oxigénio inferior a 0,10 mm^3 por hora por mg (figura 11, gráfico 1) e tiveram um aumento significativo na quantidade de oxigénio que absorvem em mm^3 por hora por mg, o que pode ser visto a partir do declive da função da taxa de absorção de oxigénio. No entanto, no final das 2 semanas, observou-se que o grupo suplementado com L-carnitina tinha uma taxa de absorção de oxigénio comparativamente mais elevada de 0,50 mm^3 por hora por mg. Isto significa que a taxa de absorção de oxigénio do grupo que tomou o suplemento aumentou 400%, ao passo que este valor é de 300% para o grupo de controlo. **Mesmo que o resultado da suplementação dietética** com **L-carnitina em correlação** com os resultados do processo de 2 semanas pareça apoiar diretamente a hipótese de que a L-carnitina aumenta a taxa metabólica e o crescimento das larvas *de Tenebrio molitor*, existem muitos factores que afectaram a experiência e muitas formas de interpretar os dados a nível molecular.

Isto porque, como mencionado na introdução, a L- carnitina promove a queima de gordura e inibe a formação metabólica da mesma, também conhecida como lipogénese. Em células como as do coração, do fígado e dos músculos, os ácidos gordos têm de ser transportados para a matriz mitocondrial, onde serão posteriormente oxidados na β-oxidação para combustão e produção de energia. A β-oxidação é o processo que gera acetil-CoA e grandes quantidades de água a partir de acil-CoA e ácidos gordos de cadeia longa (Brown). **A membrana mitocondrial é impermeável ao acil-CoA, pelo que, para a** importação para a mesma, o acil-CoA é transportado através do vaivém da carnitina. Isto permite que o acil-CoA entre na matriz mitocondrial e passe pela β-oxidação para gerar acetil-CoA que, mais tarde, participará no Ciclo de Krebs para produzir ATP para a célula (Houten e Wanders). **Se o acil-CoA contiver uma cadeia curta em vez de ácidos gordos de cadeia longa**, pode simplesmente difundir-se através da membrana mitocondrial interna, sem necessidade do transporte de carnitina (Brown). Por conseguinte, a carnitina e, neste caso, mais especificamente a L-carnitina, desempenha um papel importante no processo de oxidação dos ácidos gordos de cadeia longa na mitocôndria.

Na experiência, as larvas estavam a receber cenouras como principal fonte de nutrição. Este vegetal contém 0,30 gramas de gordura total e ácidos gordos por 100 gramas, incluindo 2,60 mg de ómega 3 e 147,00 mg de ácidos gordos ómega 6, que são ambos ácidos gordos de cadeia longa ("Raw Carrots"). **Os acil-CoA nas células dos organismos** continham ácidos gordos de cadeia longa que não poderiam entrar nas mitocôndrias sem a ajuda do vaivém da carnitina e, portanto, da L-carnitina para participar no ciclo de Kreb. A L-carnitina suplementada aumenta, portanto, a taxa em que estes eventos ocorrem em comparação com a quantidade de carnitina que as larvas produzem no seu corpo. No entanto, isto levanta uma questão muito mais ampla sobre a quantidade de L-carnitina que as larvas produzem no seu corpo, a qual, mais uma vez, pode ser respondida pela análise da composição corporal.

O ciclo de Kreb, como mencionado na hipótese, é uma parte de um processo muito maior chamado respiração celular. A respiração celular começa quando o monossacarídeo[9] glicose é decomposto no citosol da célula através de um processo chamado glicólise (Rosenberg). **A glicose é um componente de muitos nutrientes que consumimos no nosso quotidiano. Neste** caso, as cenouras acumulam e armazenam uma quantidade significativa

---

[9] Açúcar simples

de açúcar, incluindo amido[10] e frutose ("Raw Carrots"). O açúcar que as larvas da farinha receberam através da sua alimentação diária é diretamente decomposto na glicólise. O produto desta reação, o piruvato, é então oxidado e, como resultado, é gerado NADH e libertado co_2 (Obhardt). Após uma série de reacções mencionadas na introdução, a respiração celular está completa e a glicose é decomposta com a presença de o_2 para produzir ATP e libertar co_2 como produto residual (Rosenberg).

No entanto, esta é apenas a explicação teórica para os resultados da experiência. Durante a experiência, houve muitas fontes de erro e flutuações no processo que podem ter afetado significativamente os resultados. Em primeiro lugar, como se pode ver, os dados não eram exatamente consistentes. Embora a tendência esperada tenha sido seguida, ocorreram anomalias. Para o grupo suplementado, no 8° e 12° dias da experiência, existe uma possível anomalia em que a taxa de absorção de oxigénio apresentou um aumento súbito. A tendência esperada seria um aumento muito menor da taxa de absorção todos os dias para o grupo suplementado, mas entre estes dias há um aumento seguido de uma descida da taxa. Se estas flutuações fossem tidas em consideração, a tendência desejada não seria o resultado, mas só depois de calcular a média dos resultados é que se pode ver claramente o padrão e a mudança. Os dados em bruto no anexo 2 podem ser analisados em profundidade, considerando as anomalias.

É provável que estas irregularidades tenham ocorrido devido a muitas razões externas, como as alterações de temperatura e humidade. Isto deve-se ao facto de o ambiente externo e as suas alterações terem um efeito significativo na taxa de crescimento das larvas. Se não estiverem no seu ambiente ótimo, o crescimento pode ser impedido ou

---

[10] um polímero de glucose que se encontra nas plantas

aumentado, dependendo da alteração. Por exemplo, quando as larvas foram retiradas do frigorífico antes e depois dos ensaios com o respirómetro, o tempo que demoraram a adaptar-se ao ambiente e às condições pode ter desempenhado um papel na sua atividade metabólica e, consequentemente, na quantidade de oxigénio que absorveram durante os 90 minutos em que foram testadas.

A alteração da humidade também pode ter tido um efeito nas gravações, uma vez que as larvas não dispunham de uma fonte de água específica e estavam a obtê-la através da sua alimentação e da serradura na base do seu recipiente. A mudança de humidade no ambiente quando são retiradas do frigorífico para os ensaios pode ter tido um efeito na humidade da serradura que as larvas estavam a consumir. A temperatura média da sala em que foram efectuados os ensaios era de 24°C, enquanto que durante a noite eram mantidas a 4°C, onde repousavam em baixo metabolismo. Sabe-se que, em condições normais, as larvas de *Tenebrio molitor* crescem melhor quando estão num ambiente escuro, seco e quente, o que significa que se o ambiente for demasiado frio para elas, não crescerão nem se desenvolverão tanto ("Plantas e Animais"). Por outro lado, como já foi referido, é quase impossível recriar as condições ideais em todas as fases da experimentação. Embora os recipientes em que são mantidos se destinem a assemelhar-se o mais possível ao seu habitat natural, até o facto de o recipiente ter de ser armazenado com uma tampa no topo tem um efeito na exatidão dos resultados. As flutuações na quantidade de luz no ambiente e no calor do frigorífico podem não ter sido suficientes para fornecer leituras válidas para um dia específico. Todos os dias, antes dos ensaios com o respirómetro, as larvas foram deixadas à temperatura ambiente durante cerca de uma hora para se adaptarem e mostrarem uma atividade metabólica mais elevada, mas este tempo de adaptação pode não ter sido suficiente e os resultados poderiam ser mais precisos se lhes fosse dado mais tempo. Além disso, o tempo dado para a adaptação ao suplemento na sua alimentação foi de apenas 3 dias no início do processo, mas poderia ter sido mais eficiente dar mais tempo. As suposições sobre o crescimento e a nutrição foram feitas com base nos padrões de crescimento e no ciclo de vida das espécies.

Outro facto importante é que a rapidez com que o organismo respira e cresce não pode ser compreendida apenas através da observação da quantidade de absorção de oxigénio e do crescimento físico. Há muitos factores que afectam a sua taxa metabólica para além da nutrição e dos suplementos que lhes são dados, pelo que não se pode dizer que os resultados de ambos os grupos dependem apenas da sua nutrição. Se o objetivo é fazer juízos sobre os efeitos da L-carnitina em geral, a análise das alterações na composição da gordura corporal e a observação do quociente respiratório melhorariam os resultados. Como já foi referido várias vezes, a análise da gordura corporal e da composição muscular antes e depois da toma do suplemento melhoraria significativamente a experiência. Isto pode ser feito utilizando um método moderno de análise da concentração do elemento numa amostra; análise ICP-OES. Este método pode ser utilizado para determinar as composições de oligoelementos nos corpos das larvas, que depois podem ser utilizadas para concluir se a L-carnitina ajuda a construir músculo enquanto promove a queima de gordura.

Outro ponto fraco significativo da experiência é o facto de os ensaios com o respirómetro terem sido limitados a uma vez por dia e as medições a uma vez por semana. Isto porque fazer a experiência e as medições, e depois registar os dados, consome muito tempo e é ineficaz, embora tivesse um grande efeito na precisão dos resultados, uma vez que as médias seriam mais precisas e fiáveis. Não é possível aumentar o número de ensaios e prolongar todo o processo, uma vez que, à medida que as larvas crescem, tornam-se cada vez menos activas e mais difíceis de fornecer e alimentar nas condições previstas ("Planta e Animal"). **Foi referido anteriormente que, à medida que as larvas se aproximam** da fase de pupa, a sua taxa metabólica e o seu crescimento abrandam antes de entrarem na metamorfose ("Mealworm Life"). No entanto, seria melhor repetir o processo várias vezes com novos conjuntos de larvas de cada vez e incluir os registos na média para obter mais dados. Obter uma amostra maior para cada grupo também melhoraria os registos, uma vez que isso permitiria fazer melhores estimativas e seria mais representativo da população.

A redução destes erros e a eliminação das limitações permitem melhorar a experiência e obter resultados mais exactos. Uma vez que a experiência não foi realizada num laboratório especialmente equipado para o efeito, os dados foram recolhidos em condições que poderiam ter conduzido a imprecisões, como o erro percentual do equipamento de laboratório e das medições. Por último, a quantidade de cenouras e a suplementação com L-carnitina não se basearam numa ingestão calórica exacta, mas sim nas recomendações dos criadores de peixes aquáticos ("Raw Carrots"). **O erro pode ser minimizado através de** uma estimativa científica mais exacta, baseando-se em dados sobre o ciclo de vida natural das larvas. Outras escolhas alimentares, como puré de batata, também podem ser consideradas para as larvas.

CAPÍTULO 8

Conclusão:

Tendo analisado os aspectos moleculares e práticos da suplementação dietética com L-carnitina através dos resultados da experiência e dos conhecimentos pré-existentes, os efeitos da mesma nas larvas de *Tenebrio molitor* podem ser resumidos nos parágrafos seguintes.

Quando as larvas receberam pela primeira vez o suplemento através da sua alimentação, foi evidentemente necessário um período de tempo significativo para que o seu organismo se adaptasse à quantidade de L-carnitina em excesso nas suas células. No entanto, após a primeira semana da experiência, verificou-se uma alteração observável nos dados, porque a L-carnitina que estavam a receber tinha começado a melhorar o processo metabólico de β-oxidação e o ciclo de Kreb. O suplemento foi utilizado quando as células das larvas estavam a oxidar o açúcar e a gordura que tinham recebido através das cenouras. A acil-coA, que é uma molécula de ácido gordo de cadeia longa ligada à acetil-coA, entrava no vaivém da carnitina para se transferir para as mitocôndrias e sofrer a β-oxidação a uma velocidade excessiva (Houten e Wanders). **Este processo** produziu água e acetil-CoA que, mais tarde, foram integrados no ciclo de Kreb da respiração celular ("O Cítrico"). **Desta forma, as larvas produziam mais ATP e** excretavam mais CO_2, respiravam e cresciam mais. Este facto pode estar relacionado com a razão pela qual a L-carnitina tem uma utilização farmacológica e terapêutica no ser humano. Por outro lado, a literatura pré-existente de experiências efectuadas em seres humanos com L-carnitina pode ser considerada extremamente insuficiente e inconsistente. Por conseguinte, continua em aberto a questão de saber até que ponto a L-carnitina afecta realmente o metabolismo humano. Pode concluir-se a partir dos resultados que a ingestão de L-carnitina na dieta tem um impacto significativo nas actividades metabólicas como o crescimento e a respiração em mamíferos que oxidam ácidos gordos de cadeia longa, incluindo o *Tenebrio molitor* e os seres humanos.

Por outro lado, com algumas melhorias e modificações, é possível eliminar os erros e obter resultados mais fiáveis e precisos. Isto seria possível especialmente aumentando o número de ensaios de respirometria e repetindo o processo com um novo conjunto de larvas de cada vez. A análise de outros aspectos, como a composição da gordura corporal em circunstâncias laboratoriais, também alteraria significativamente as nossas interpretações. A experiência pode ser considerada eficiente para analisar os aspectos básicos e um maior desenvolvimento da mesma pode ajudar a criar uma compreensão aprofundada dos efeitos de

L-carnitina no organismo. Isto ajudaria especialmente a ciência a desenvolver a cura ou a ajudar no tratamento de doenças, fornecendo L-carnitina na dieta, quer o indivíduo seja ou não deficiente em L-carnitina. Os estudos anteriormente mencionados com L-carnitina em seres humanos descobriram que esta tem um efeito na diabetes tipo II, nas doenças coronárias, na obesidade e até no desenvolvimento de células cancerosas no corpo.

Bibliografia

"Repartição das fontes de energia". *Soluções de Aprendizagem Dallas*, Comunidade do Condado de Dallas

College District, 2015,

gln.dcccd.edu/Biology_Demo/Bio_Lesson08/Bio08-19_access.htm. Acedido em 25

Ago. 2017.

Brown, Elizabeth. "O que é um ácido gordo de cadeia longa?" *Alimentação saudável. SFGate*,

healthyeating.sfgate.com/longchain-fatty-acid-9597.html. Acedido em 7 de julho de

2017.

"O Ciclo do Ácido Cítrico". *Academia Khan*, Salman Khan,

www.khanacademy.org/test-prep/mcat/biomolecules/krebs-citric-acid-cycle-and-o

xidative-phosphorylation/a/the-citric-acid-cycle-2. Acedido em 14 de julho de 2017.

"Definição de Isómero". *Thoughtco*, www.thoughtco.com/definition-of-isomer-604539.

Acedido em 9 Nov. 2017.

"Definição de Macromolécula". *Thoughtco*,

www.thoughtco.com/definition-of-macromolecule-605324. Acedido em 9 Nov.

2017.

Via de oxidação dos ácidos gordos. Ficheiro de imagem.

Harmeyer, Johein, Prof. Dr. *O papel fisiológico da L-carnitina*. Relatório de investigação nº.

27, Hannover, 2002. *Informações Lohmann*,

lohmann-information.de/content/l_i_27_article_3.pdf. Acedido em 16 Ago. 2017.

Houten, Sander Michel, e Ronald J. Wanders. "Uma introdução geral à bioquímica da β-

oxidação mitocondrial de ácidos gordos". *Journal of Inherited Metabolic Disease*,

vol. 33, no. 5, 2 Mar. 2010, pp. 469-77. *Springer Link*,

link.springer.com/article/10.1007/s10545-010-9061-2. Acedido em 7 de agosto de

2017.

L-carnitina. Ficheiro de imagem.

"Ciclo de vida da larva da farinha". *Mealworm Care*, mealwormcare.org/life-cycle/.

Acedido em 2 de agosto de 2017.

Obhardt, Charles. "Formação de Acetil CoA a partir do Ácido Pirúvico". *Virtual Chembook*,

2003, chemistry.elmhurst.edu/vchembook/613acetylcoa.html. Acedido em 9 de

agosto de 2017.

"Cuidados com plantas e animais: Mealworms e Darkling Beetles". *Sistema de Ciências de*

Opção Plena, 3ª ed., Universidade da Califórnia, 2017,

www.fossweb.com/mealworm. Acedido em 10 de junho de 2017.

"Raw Carrots" (Cenouras cruas). *Self Nutrition Data*, 2014,

nutritiondata.self.com/facts/vegetables-and-vegetable-products/2383/2. Acedido em

6 de junho de 2017.

Rosenberg, Herbert I., Dr. "Cellular Respiration Summary" (Resumo da respiração celular).

Universidade de Calgary,

people.ucalgary.ca/~rosenber/CellularRespirationSummary.html. Acedido em 2 de

setembro de 2017.

Estados Unidos, Congresso, Câmara, Departamento de Saúde e Serviços Humanos dos EUA. *Carnitina*. Gabinete de Impressão do Governo. *National Institutes Of Health*, ods.od.nih.gov/factsheets/Carnitine-HealthProfessional/. Acedido em 1 de agosto de 2017.

Apêndice

Apêndice 1

Segue-se a documentação do procedimento seguido durante as 2 semanas:

Preparação inicial e registo /Dia 1:

- Dos 2 contentores, selecionar um em que o grupo suplementado habitará e marcar os contentores

- Antes de colocar as larvas, colocar serradura como base em ambos os recipientes

- Medir e pesar 20 larvas selecionadas aleatoriamente de cada recipiente, certificando-se de que não são escolhidas duas vezes. Registar e calcular a média dos dados.

- Realizar uma experiência respirométrica com os mesmos 20 bichos-da-farinha de cada grupo durante 90 minutos. Registar os dados.

- Alimentar ambos os grupos com 5,00g de cenouras frescas picadas e esmagadas. Ao triturar as cenouras para o grupo suplementado, adicionar aproximadamente 0,80g de L-carnitina dietética em pó.

- Selar os recipientes e levá-los para o frigorífico onde as larvas podem repousar em baixo metabolismo, exceto quando as medições estão a ser feitas. (+ /- 4 graus celsius)

Adaptação/ Dia 2 e 3:

- Repetir o processo de alimentação. Alimentar ambos os grupos com 5,00g de cenouras frescas picadas e esmagadas. Ao esmagar as cenouras para o grupo suplementado, adicionar aproximadamente 0,80g de L-carnitina dietética em pó.

- Feche os recipientes e leve-os para o frigorífico onde as larvas da farinha podem descansar em baixo metabolismo.

Dia 4:

- Retirar a serradura do interior dos recipientes e substituí-la por serradura fresca. Registe os dados e as observações sobre a serradura e a pele libertada pelas larvas para o ambiente.
- Realizar uma experiência respirométrica com 20 larvas de farinha de cada grupo durante 90 minutos. Registar os dados.

- Repetir o processo de alimentação. Alimentar ambos os grupos com 5,00g de cenouras frescas picadas e esmagadas. Ao esmagar as cenouras para o grupo suplementado, adicionar aproximadamente 0,80g de L-carnitina dietética em pó.
- Feche os recipientes e leve-os para o frigorífico onde as larvas da farinha podem descansar em baixo metabolismo.

Dias 5, 6 e 7 :

- Realizar uma experiência respirométrica com 20 larvas de farinha de cada grupo durante 90 minutos. Registar os dados.
- Repetir o processo de alimentação. Alimentar ambos os grupos com 5,00g de cenouras frescas picadas e esmagadas. Ao esmagar as cenouras para o grupo suplementado, adicionar aproximadamente 0,80g de L-carnitina dietética em pó.
- Feche os recipientes e leve-os para o frigorífico onde as larvas da farinha podem descansar em baixo metabolismo.

Dia 8 :

- Retirar a serradura do interior dos recipientes e substituí-la por serradura fresca.

Registe os dados e as observações sobre a serradura e a pele libertada pelas larvas para o ambiente.

- Medir e pesar 20 larvas de farinha aleatórias de cada recipiente, certificando-se de que não são apanhadas duas vezes. Registar e calcular a média dos dados.

- Faça uma experiência respirométrica com os mesmos 20 vermes de cada grupo durante 90 minutos. Registar os dados.

- Repetir o processo de alimentação. Alimentar ambos os grupos com 5,00g de cenouras frescas picadas e esmagadas. Ao esmagar as cenouras para o grupo suplementado, adicionar aproximadamente 0,80g de L-carnitina dietética em pó.

- Feche os recipientes e leve-os para o frigorífico onde as larvas da farinha podem descansar em baixo metabolismo.

Dia 9 e 10 :

- Repetir o processo de alimentação. Alimentar ambos os grupos com 5,00g de cenouras frescas picadas e esmagadas. Ao esmagar as cenouras para o grupo suplementado, adicionar aproximadamente 0,80g de L-carnitina dietética em pó.

- Feche os recipientes e leve-os para o frigorífico onde as larvas da farinha podem descansar em baixo metabolismo.

Dias 11, 12 e 13:

- Retirar a serradura do interior dos recipientes e substituí-la por serradura fresca. Registe os dados e as observações sobre a serradura e a pele libertada pelas larvas para o ambiente. (Apenas no início do dia 11)

- Realizar uma experiência respirométrica com 20 larvas de farinha de cada grupo durante 90 minutos. Registar os dados.

- Repetir o processo de alimentação. Alimentar ambos os grupos com 5,00g de cenouras frescas picadas e esmagadas. Ao esmagar as cenouras para o grupo suplementado, adicionar aproximadamente 0,80g de L-carnitina dietética em pó.

- Feche os recipientes e leve-os para o frigorífico onde as larvas da farinha podem descansar em baixo metabolismo.

Dia 14:

- Retirar a serradura do interior dos recipientes. Registe os dados e as observações relativas à serradura e à pele libertada pelas larvas de farinha no ambiente.

- Medir e pesar 20 larvas de farinha aleatórias de cada recipiente, certificando-se de que não são apanhadas duas vezes. Registar e calcular a média dos dados.

- Faça uma experiência respirométrica com os mesmos 20 vermes de cada grupo durante 90 minutos. Registar os dados.

No final dos 14 dias, os vermes da farinha podem ser devolvidos ao laboratório/aquacultor ou podem ser libertados num ambiente seguro e adequado. Esta questão foi abordada nas questões de segurança e éticas.

Apêndice 2   Dados brutos

<u>Tabela que mostra os dados brutos de massa e comprimento para ambos os grupos no dia 1</u>

	Control Group		L-carnitine supplemented group	
	Mass($+/-0.01g$)	Length ($+/-0.1mm$)	Mass($+/-0.01g$)	Length ($+/-0.1mm$)
1	0.09	2.30	0.07	1.70
2	0.09	1.70	0.09	2.00
3	0.06	2.20	0.05	1.90
4	0.09	1.90	0.10	2.10
5	0.10	1.70	0.11	2.20
6	0.08	2.00	0.12	2.20
7	0.07	1.80	0.10	1.50
8	0.11	1.90	0.06	1.80
9	0.11	2.10	0.08	1.90
10	0.08	1.70	0.10	1.70
11	0.07	1.90	0.08	1.90
12	0.08	1.80	0.06	1.90
13	0.10	2.10	0.08	1.80
14	0.06	1.40	0.07	1.90
15	0.09	1.60	0.09	2.00
16	0.05	1.70	0.07	1.80
17	0.09	2.00	0.06	1.60
18	0.06	2.20	0.07	2.00
19	0.11	1.80	0.11	1.70
20	0.07	2.10	0.06	2.10
Sum(Σ)	1.66	37.90	1.63	37.7
Average ($\frac{\Sigma}{20}$)	0.08	1.89	0.08	1.88

<u>Tabela que mostra os dados brutos de massa e comprimento para ambos os grupos no dia 8</u>

	Control Group		L-carnitine supplemented group	
	Mass($+/-0.01g$)	Length ($+/-0.1mm$)	Mass($+/-0.01g$)	Length ($+/-0.1mm$)
1	0.09	2.20	0.09	2.30
2	0.09	1.70	0.09	3.00
3	0.10	1.90	0.08	1.70
4	0.07	2.30	0.10	2.00
5	0.10	1.60	0.07	1.20
6	0.08	2.00	0.11	2.30
7	0.06	1.00	0.09	3.00
8	0.04	1.90	0.08	2.00
9	0.09	2.00	0.12	2.30
10	0.10	2.00	0.10	2.50
11	0.09	2.00	0.10	2.20
12	0.12	2.20	0.13	2.20
13	0.09	1.80	0.15	2.10
14	0.11	2.00	0.09	2.00
15	0.07	2.10	0.17	2.10
16	0.10	1.90	0.13	2.10
17	0.07	1.70	0.06	2.50
18	0.10	1.60	0.10	1.30
19	0.11	2.10	0.07	1.50
20	0.12	2.10	0.11	2.00
Sum (Σ)	1.80	38.0	2.04	42.3
Average($\frac{\Sigma}{20}$)	0.09	1.90	0.10	2.11

<u>Tabela que mostra os dados brutos de massa e comprimento para ambos os grupos no dia 14</u>

	Control Group		L-carnitine supplemented group	
	Mass($+/-0.01g$)	Length ($+/-0.1mm$)	Mass($+/-0.01g$)	Length ($+/-0.1mm$)
1	0.11	2.10	0.13	2.30
2	0.09	2.50	0.10	2.50
3	0.12	2.30	0.08	2.60
4	0.10	1.60	0.12	2.40
5	0.08	1.80	0.16	2.60
6	0.14	2.50	0.13	2.30
7	0.11	1.90	0.09	2.70
8	0.12	2.30	0.10	2.30
9	0.10	2.70	0.08	1.90
10	0.09	2.00	0.17	2.60
11	0.12	2.10	0.13	2.00
12	0.11	1.40	0.14	1.90
13	0.15	2.60	0.13	2.80
14	0.11	2.10	0.10	2.70
15	0.09	1.60	0.11	1.80
16	0.14	1.90	0.11	2.90
17	0.11	2.30	0.15	2.50
18	0.12	2.40	0.09	2.40
19	0.12	2.20	0.13	2.60
20	0.09	2.60	0.12	2.30
Sum ($\sum$)	2.22	38.00	2.04	42.3
Average($\frac{\sum}{20}$)	0.11	2.15	0.12	2.41

<u>Tabela com os registos do respirómetro para o grupo de controlo nos dias 1, 4, 5, 6, 7, 8, 11, 12, 13 e</u>

<u>14</u>

	Change in gas volume between readings ($+/-0.1cm^3$)	Equivalent gas change in one hour ($+/-0.01mm^3$)	Mass of mealworms respiring in the tube ($+/-0.1\ mg$)	Oxygen absorption ($+/-0.01mm^3$ per hour per mg)
Day 1	0,30	200,00	1660,00	0,12
Day 4	0,50	333,33	1660,00	0,20
Day 5	0,40	266,67	1660,00	0,16
Day 6	0,50	333,33	1660,00	0,20
Day 7	0,50	333,33	1660,00	0,20
Day 8	0,70	466,67	1800,00	0,26
Day 11	0,80	533,33	1800,00	0,30
Day 12	1,00	666,67	1800,00	0,37
Day 13	0,90	600,00	1800,00	0,33
Day 14	1,30	866,67	2220,00	0,39
Sum	6,90	4600,00	17720,00	2,53
Average	0,69	460,00	1772,00	0,25

<u>Tabela com os registos do respirómetro para o grupo de controlo nos dias 1, 4, 5, 6, 7, 8, 11, 12,</u>

<u>13 e 14</u>

	Change in gas volume between readings $(+/-0.1cm^3)$	Equivalent gas change in one hour $(+/-0.01mm^3)$	Mass of mealworms respiring in the tube($+/-0.1mg$)	Oxygen absorption $(+/-0.01mm^3$ per hour per mg)
Day 1	0,30	200,00	1630,00	0,12
Day 4	0,50	333,33	1630,00	0,20
Day 5	0,50	333,33	1630,00	0,20
Day 6	0,70	466,67	1630,00	0,29
Day 7	0,80	533,33	1630,00	0,33
Day 8	1,10	733,33	2040,00	0,36
Day 11	0,90	600,00	2040,00	0,29
Day 12	2,10	1400,00	2040,00	0,69
Day 13	1,60	1066,67	2040,00	0,52
Day 14	1,80	1200,00	2370,00	0,51
Sum	10,30	6866,67	18680,00	3,51
Average	1,03	686,67	1868,00	0,64

yes
I want morebooks!

Buy your books fast and straightforward online - at one of world's fastest growing online book stores! Environmentally sound due to Print-on-Demand technologies.

Buy your books online at
www.morebooks.shop

Compre os seus livros mais rápido e diretamente na internet, em uma das livrarias on-line com o maior crescimento no mundo! Produção que protege o meio ambiente através das tecnologias de impressão sob demanda.

Compre os seus livros on-line em
www.morebooks.shop

Printed by Books on Demand GmbH, Norderstedt / Germany